职业教育产品设计与 3D 打印系列教材

U0182608

3D 打印技术及应用

工作手册

机械工业出版社

目　录

项目 1　打印铁塔模型

任务名称	打印铁塔模型		
学　　院		专　　业	
姓　　名		学　　号	
小组成员		组长姓名	

实训目标

　1. 了解各大模型网站

　2. 选择开源项目

　3. 体验模型切片与打印过程

　4. 真实了解打印的问题

一、接受工作任务

　通过网络资源平台选取一个铁塔 3D 打
印模型，由技术老师演示 3D 打印全过
程，观摩记录 3D 打印的过程

　铁塔模型打印效果如左图所示

二、工作准备

1	打印设备	一台 FDM 3D 打印机（先临 Einstar-S），尺寸大于 100mm × 100mm × 100mm
2	打印材料	FDM 3D 打印材料，推荐使用 PLA 材料
3	切片软件	推荐使用 3dStar，与打印机匹配

三、制订计划

1. 选取下载模型网站
2. 下载铁塔模型
3. 安装切片软件
4. 切片处理
5. 打印铁塔
6. 打印后处理

四、计划实施

1. 选取下载模型网站	实施步骤：
2. 下载铁塔模型	实施步骤：
3. 安装切片软件	实施步骤：
4. 切片处理	实施步骤：
5. 打印铁塔	实施步骤：
6. 打印后处理	实施步骤：

五、质量检查

1. 模型是否完整清晰	□合格	□不合格
2. 表面是否有破损现象	□合格	□不合格
3. 表面上色是否均匀	□合格	□不合格

六、评价反馈

自我反思：_____

_____

自我评价：_____

_____

问题反馈：_____

_____

序号	实训内容	评分		
		自我评分	教师评分	学生评分
1	选取下载模型网站（5分）			
2	下载铁塔模型（5分）			
3	安装切片软件（10分）			
4	切片处理（30分）			
5	打印铁塔模型（30分）			
6	打印后处理（20分）			
总分				

实训成绩单

七、思考与练习

选择题

1. 3D 打印前处理不包括（   ）。

   A. 构造 3D 模型   B. 模型近似处理   C. 切片处理   D. 画面渲染

2. 3D 模型设计不包括（   ）。

   A. 形状、尺度   B. 色彩、图案   C. 质地材料   D. 强化处理

3. 下列关于 3D 打印技术的描述，不正确的是（   ）。

   A. 3D 打印是一种以数字模型文件为基础，通过逐层打印的方式来构造物体的技术

   B. 3D 打印起源于 20 世纪 80 年代，至今不过三四十年的历史

   C. 3D 打印多用于工业领域，尼龙、石膏、金属、塑料等材料均能打印

   D. 3D 打印为快速成型技术，打印速度十分迅速，成型往往仅需要几分钟的时间

4. （   ）仅使用 3D 打印技术无法制作完成。

   A. 首饰   B. 手机   C. 服装   D. 义齿

5. 市场上常见的 3D 打印机所用的打印材料直径为（   ）。

   A. 1.75mm 或 3mm   B. 1.85mm 或 3mm

   C. 1.85mm 或 2mm   D. 1.75mm 或 2mm

项目2　打印球形花盆模型

任务名称	打印球形花盆模型		
学　　院		专　　业	
姓　　名		学　　号	
小组成员		组长姓名	

实训目标

1. 了解各大模型网站
2. 选择开源项目
3. 体验模型切片与打印过程
4. 真实了解打印的问题

一、接受工作任务

通过网络资源平台选取一个球形花盆 3D 模型，动手制作球形花盆，体验 3D 打印全过程，收获动手实践的快乐

掌握 3D 打印的技巧，解决打印过程中可能遇到的问题。球形花盆模型如左图所示

二、工作准备

1	打印设备	一台 FDM 3D 打印机（先临 Einstar-S），尺寸大于 100mm × 100mm × 100mm
2	打印材料	FDM 3D 打印材料，推荐使用 PLA 材料
3	切片软件	推荐使用 3dStar，与打印机匹配

三、制订计划

1. 选取下载模型网站
2. 下载球形花盆模型
3. 安装切片软件
4. 切片处理
5. 打印球形花盆
6. 打印后处理

四、计划实施

1. 选取下载模型网站	□完成	□未完成
2. 下载球形花盆模型	□完成	□未完成
3. 安装切片软件	□完成	□未完成
4. 切片处理	□完成	□未完成
5. 打印球形花盆	□完成	□未完成
6. 打印后处理	□完成	□未完成

五、质量检查

1. 模型是否完整清晰	□合格	□不合格
2. 表面是否有破损现象	□合格	□不合格
3. 表面上色是否均匀	□合格	□不合格

六、评价反馈

自我反思：_____

_____

自我评价：_____

_____

问题反馈：_____

_____

实训成绩单			
序号	实训内容	评分		
		自我评分	教师评分	学生评分
1	选取下载模型网站（5分）			
2	下载球形花盆模型（5分）			
3	安装切片软件（10分）			
4	切片处理（30分）			
5	打印球形花盆（30分）			
6	打印后处理（20分）			
总分				

七、思考与练习

判断题

1. 3D 打印机可以自由移动，并制造出比自身体积还要庞大的物品。　　（　　）

2. SLM 技术可打印大型部件。　　（　　）

3. 3D 打印技术只是增材制造的一种。　　（　　）

4. LCD 精度和 DLP 精度是一样的。　　（　　）

5. DLP 打印的义齿模型和珠宝模型可以用同一种铸造树脂铸造。　　（　　）

选择题

1. 熔融沉积技术存在（　　）的危险环节。

　　A. 高温　　　　　　B. 激光　　　　　　C. 高压　　　　　　D. 高加工速度

2. FDM 设备制件容易使底部产生翘曲形变的原因是（　　）。

　　A. 设备没有成型空间的温度保护系统　　　B. 打印速度过快

　　C. 分层厚度不合理　　　　　　　　　　　D. 底板没有加热

3. FDM 3D 打印技术成型件的后处理过程中，最关键的步骤是（　　）。

　　A. 取出成型件　　　　　　　　　　　　B. 打磨成型件

　　C. 去除支撑部分　　　　　　　　　　　D. 涂覆成型件

项目3 打印齿轮模型

任务名称	打印齿轮模型		
学　院		专　业	
姓　名		学　号	
小组成员		组长姓名	

实训目标

1. 了解各大模型网站
2. 选择开源项目
3. 体验模型切片与打印过程
4. 真实了解打印的问题

一、接受工作任务

通过网络资源平台选取一个齿轮3D模型，动手制作齿轮，体验3D打印全过程，收获动手实践的快乐

掌握3D打印的技巧，解决打印过程中可能遇到的问题。齿轮模型如左图所示

二、工作准备

1	打印设备	一台FDM 3D打印机（先临Einstar-S），尺寸大于100mm×100mm×100mm
2	打印材料	FDM 3D打印材料，推荐使用PLA材料
3	切片软件	推荐使用3dStar，与打印机匹配

三、制订计划

1. 选取下载模型网站

2. 下载齿轮模型

3. 安装切片软件

4. 切片处理

5. 打印齿轮

6. 打印后处理

四、计划实施

1. 选取下载模型网站	□完成	□未完成
2. 下载球齿轮模型	□完成	□未完成
3. 安装切片软件	□完成	□未完成
4. 切片处理	□完成	□未完成
5. 打印齿轮	□完成	□未完成
6. 打印后处理	□完成	□未完成

五、质量检查

1. 模型是否完整清晰	□合格	□不合格
2. 表面是否有破损现象	□合格	□不合格
3. 表面上色是否均匀	□合格	□不合格

六、评价反馈

自我反思：_____

_____

自我评价：_____

_____

问题反馈：_____

_____

序号	实训内容	评分		
		自我评分	教师评分	学生评分
1	选取下载模型网站（5分）			
2	下载齿轮模型（5分）			
3	安装切片软件（10分）			
4	切片处理（30分）			
5	打印齿轮（30分）			
6	打印后处理（20分）			
总分				

实训成绩单

七、思考与练习

选择题

1. 各种各样的 3D 打印机中，精度最高、效率最高、售价也相对最高的是（   ）。

   A. 个人级 3D 打印机   B. 专业级 3D 打印机

   C. 桌面级 3D 打印机   D. 工业级 3D 打印机

2. 3D 打印后处理不包括（   ）。

   A. 去除支撑   B. 强硬化处理

   C. 硬度测试   D. 表面处理

3. 下列对于 3D 打印特点的描述，不恰当的是（   ）。

   A. 对复杂性无敏感度，只要有合适的三维模型均可以打印

   B. 对材料无敏感度，任何材料均能打印

   C. 适合制作少量的个性化定制物品，对于批量生产优势不明显

   D. 虽然技术在不断改善，但强度与精度与部分传统工艺相比仍有差距

4. 不属于快速成型技术的特点的是（   ）。

   A. 可加工复杂零件   B. 周期短，成本低

   C. 实现一体化制造   D. 限于塑料材料

5. 3D 打印文件的格式是（   ）。

   A. sal   B. stl   C. sae   D. rat

项目4　打印城堡模型

任务名称	打印城堡模型		
学　　院		专　　业	
姓　　名		学　　号	
小组成员		组长姓名	

实训目标

1. 了解各大模型网站
2. 选择开源项目
3. 体验模型切片与打印过程
4. 真实了解打印的问题

一、接受工作任务

通过网络资源平台选取一个城堡 3D 模型，动手制作城堡，体验 3D 打印全过程，收获动手实践的快乐

掌握 3D 打印的技巧，解决打印过程中可能遇到的问题。城堡模型如左图所示

二、工作准备

1	打印设备	一台 FDM 3D 打印机（先临 Einstar-S），尺寸大于 100mm×100mm×100mm
2	打印材料	FDM 3D 打印材料，推荐使用 PLA 材料
3	切片软件	切片软件，推荐使用 3dStar，与打印机匹配

三、制订计划

1. 选取下载模型网站
2. 下载城堡模型
3. 安装切片软件
4. 切片处理
5. 打印城堡
6. 打印后处理

四、计划实施

1. 选取下载模型网站	□完成	□未完成
2. 下载城堡模型	□完成	□未完成
3. 安装切片软件	□完成	□未完成
4. 切片处理	□完成	□未完成
5. 打印城堡	□完成	□未完成
6. 打印后处理	□完成	□未完成

五、质量检查

1. 模型是否完整清晰	□合格	□不合格
2. 表面是否有破损现象	□合格	□不合格
3. 表面上色是否均匀	□合格	□不合格

六、评价反馈

自我反思：_____

_____

自我评价：_____

_____

问题反馈：_____

_____

序号	实训内容	评分		
		自我评分	教师评分	学生评分
1	选取下载模型网站（5分）			
2	下载城堡模型（5分）			
3	安装切片软件（10分）			
4	切片处理（30分）			
5	打印城堡（30分）			
6	打印后处理（20分）			
	总分			

七、思考与练习

选择题

1. 3DP 技术使用的原材料是（　　　）。

　　A．光敏树脂　　　　　　　　B．粉末材料

　　C．高分子材料　　　　　　　D．纸质材料

2. 3D 打印的技术可以在制造过程中控制所用材料，精度达到分子和（　　　）级别。

　　A．纳米　　　　　　　　　　B．微米

　　C．原子　　　　　　　　　　D．亚原子

3. 3D 打印的流程有模型准备→（　　　）→模型打印→印后处理。

　　A．模型切割　　　　　　　　B．模型分解

　　C．模型切片　　　　　　　　D．模型制作

项目5 打印大象模型

任务名称	打印大象模型		
学 院		专 业	
姓 名		学 号	
小组成员		组长姓名	

实训目标

1. 了解各大模型网站
2. 选择开源项目
3. 体验模型切片与打印过程

一、接受工作任务

通过网络资源平台选取一个大象 3D 模型，动手制作大象，体验 3D 打印全过程，收获动手实践的快乐

掌握 3D 打印的技巧，解决打印过程中可能遇到的问题。大象模型如左图所示

二、工作准备

1	打印设备	一台 FDM 3D 打印机（先临 Einstar-S），尺寸大于 100mm×100mm×100mm
2	打印材料	FDM 3D 打印材料，推荐使用 PLA 材料
3	切片软件	推荐使用 3dStar，与打印机匹配

三、制订计划

　　1. 选取下载模型网站

　　2. 下载大象模型

　　3. 安装切片软件

　　4. 切片处理

　　5. 打印大象

　　6. 打印后处理

四、计划实施

1. 选取下载模型网站	□完成	□未完成
2. 下载大象模型	□完成	□未完成
3. 安装切片软件	□完成	□未完成
4. 切片处理	□完成	□未完成
5. 打印大象	□完成	□未完成
6. 打印后处理	□完成	□未完成

五、质量检查

1. 模型是否完整清晰	□合格	□不合格
2. 表面是否有破损现象	□合格	□不合格
3. 表面上色是否均匀	□合格	□不合格

六、评价反馈

　　自我反思：＿＿＿＿＿＿＿＿＿＿＿＿＿＿＿＿＿＿＿＿＿＿＿＿＿＿＿＿＿＿＿＿

　　＿＿＿＿＿＿＿＿＿＿＿＿＿＿＿＿＿＿＿＿＿＿＿＿＿＿＿＿＿＿＿＿＿＿＿＿＿

　　自我评价：＿＿＿＿＿＿＿＿＿＿＿＿＿＿＿＿＿＿＿＿＿＿＿＿＿＿＿＿＿＿＿＿

　　＿＿＿＿＿＿＿＿＿＿＿＿＿＿＿＿＿＿＿＿＿＿＿＿＿＿＿＿＿＿＿＿＿＿＿＿＿

　　问题反馈：＿＿＿＿＿＿＿＿＿＿＿＿＿＿＿＿＿＿＿＿＿＿＿＿＿＿＿＿＿＿＿＿

　　＿＿＿＿＿＿＿＿＿＿＿＿＿＿＿＿＿＿＿＿＿＿＿＿＿＿＿＿＿＿＿＿＿＿＿＿＿

序号	实训内容	评分		
		自我评分	教师评分	学生评分
1	选取下载模型网站（5分）			
2	下载大象模型（5分）			
3	安装切片软件（10分）			
4	切片处理（30分）			
5	打印大象（30分）			
6	打印后处理（20分）			
总分				

表头：实训成绩单

七、思考与练习

判断题

1. 3D打印技术对生成制造类企业并没有产生很明显的影响和冲击。（　　）

2. 3D打印技术最大的优势在于能拓展设计师的想象空间。（　　）

3. 3D打印技术制造的金属零部件性能可超过锻造水平。（　　）

项目6   打印恐龙模型

任务名称	打印恐龙模型		
学　　院		专　　业	
姓　　名		学　　号	
小组成员		组长姓名	

实训目标

1. 了解各大模型网站
2. 选择开源项目
3. 体验模型切片与打印过程
4. 真实了解打印的问题

一、接受工作任务

通过网络资源平台选取一个恐龙 3D 模型，动手制作恐龙，体验 3D 打印全过程，收获动手实践的快乐

掌握 3D 打印的技巧，解决打印过程中可能遇到的问题。恐龙模型如左图所示

二、工作准备

1	打印设备	一台 FDM 3D 打印机（先临 Einstar-S），尺寸大于 100mm×100mm×100mm
2	打印材料	FDM 3D 打印材料，推荐使用 PLA 材料
3	切片软件	切片软件，推荐使用 3dStar，与打印机匹配

三、制订计划

1. 选取下载模型网站
2. 下载恐龙模型
3. 安装切片软件
4. 切片处理
5. 打印恐龙
6. 打印后处理

四、计划实施

1. 选取下载模型网站	□完成	□未完成
2. 下载恐龙模型	□完成	□未完成
3. 安装切片软件	□完成	□未完成
4. 切片处理	□完成	□未完成
5. 打印恐龙	□完成	□未完成
6. 打印后处理	□完成	□未完成

五、质量检查

1. 模型是否完整清晰	□合格	□不合格
2. 表面是否有破损现象	□合格	□不合格
3. 表面上色是否均匀	□合格	□不合格

六、评价反馈

自我反思：_____

_____

自我评价：_____

_____

问题反馈：_____

_____

序号	实训内容	评分		
		自我评分	教师评分	学生评分
1	选取下载模型网站（5分）			
2	下载恐龙模型（5分）			
3	安装切片软件（10分）			
4	切片处理（30分）			
5	打印恐龙（30分）			
6	打印后处理（20分）			
	总分			

表头：实训成绩单

七、思考与练习

选择题

1. 实体原型完成后，首先将实体取出，并将多余的树脂排净。之后去除支撑，进行清洗，然后再将实体原型放在（   ）下整体后固化。

   A. 紫外激光   B. 气体激光

   C. 固体激光   D. 液体激光

2. （   ）快速原型工艺是一种不依靠激光作为成型能源，而将各种丝材加热熔化或将材料加热熔化、挤压成丝，逐线、逐层沉积的成形方法。

   A. SLA   B. SLS

   C. FDM   D. LOM

3. 立体光固化成型设备使用的原材料为（   ）。

   A. 光敏树脂   B. 尼龙粉末

   C. 陶瓷粉末   D. 金属粉末